Dr. Ira Nadel

Golden Gate Bridge

1933–1937

Inhaltsverzeichnis

Symbolik der Golden Gate Bridge 5

Die Golden Gate Bridge
als Teil der *City Beautiful* Bewegung 7

Zeitumstände 9

Franklin D. Roosevelts „New Deal"
und seine Bedeutung für das Projekt 11

Herausforderungen beim Bau der Brücke 13

Entstehung 15

    Unterstützung 15

    Planungen 16

    Bedenken 18

    Besprechungen 20

    Schwierigkeiten 21

    Bauarbeiten 24

    Design 24

Rezeption der Brücke 29

Fazit 31

Literatur 32

Symbolik der Golden Gate Bridge

Die Golden Gate Bridge überspannt mehr als die Bucht von San Francisco. Sie verbindet nicht nur Marin County im Norden und San Francisco im Süden, sondern ein ganzes Land, und symbolisiert auf diese Art den Triumph der amerikanischen Ingenieurskunst über die scheinbar unüberwindliche Natur.

Sie symbolisiert das Potential des Westens und seiner riesigen Größe. Allerdings steht sie auch als Zeichen für eine US-amerikanische Herrschaft über das spanische Erbe Kaliforniens. Dies wird durch die Art-Déco-Elemente an der Brücke unterstrichen. Statt in den architektonischen Formen spanische Traditionen aufzugreifen, haben sich die in Chicago ansässigen Ingenieure Joseph Strauss und Charles Ellis für den internationalen Art-Déco-Stil entschieden. Die aufsteigenden Türme drücken Offenheit und gleichzeitig Kohärenz aus, die über Einförmigkeit hinausgeht, um so die größte Art-Déco-Skulptur der Welt zu bilden.

Vom Entdecker und Topografen John C. Fremon stammt die Bezeichnung Chrysopylae oder Golden Gate. Er hat sich damals an den Hafen Istanbuls erinnert, der als das Goldene Horn bekannt ist. Und so spiegelt der Name „Goldenes Tor" die Schönheit des Ortes bis heute. Die Brücke rivalisiert mit dem Empire State Building oder der Freiheitsstatue als „amerikanische Ikone". Aber die Brücke ist das Symbol amerikanischer Erfindungsgabe und technischer Fähigkeit. Darüber hinaus repräsentiert sie den amerikanischen Optimismus durch die visuelle Einheit von Form und Natur: sie ist weniger eine Grenze als vielmehr ein Symbol für Neuanfänge und „Pazifische Möglichkeiten".

Die Golden Gate Bridge am Eröffnungstag, an dem nur Fußgänger auf der Brücke erlaubt waren, 27. Mai 1937.

Die Golden Gate Bridge als Teil der *City Beautiful* Bewegung

Die Brücke ist ein Symbol des City Beautiful Movement (Bewegung „Schöne Stadt"). Entwickelt nach der Weltausstellung 1893 in Chicago sollten amerikanische Städte und öffentliche Orte sowohl schön als auch zweckmäßig sein. Die Golden Gate Bridge verkörpert die Prinzipien der Bewegung, indem ihre Proportionen die Natur der Umgebung mit einbeziehen. Die Bewegung plante städtische Parks, Boulevards und Bürgerzentren mit eleganten Grünflächen. Landschaftliche Konservierung

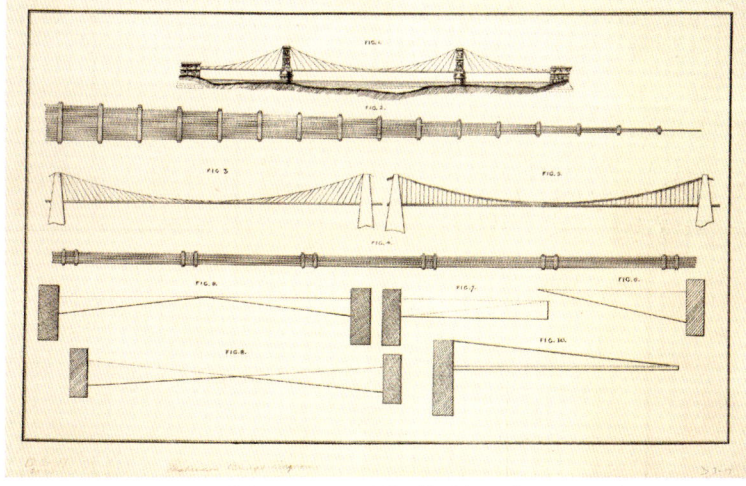

Science Museum/SSPL/Süddeutsche Zeitung Photo 00455138

Schematische Darstellung von Hängebrücken, 1917. Verschiedene Methoden, die Last des Brückendecks durch Kabel zu tragen; die erste Abbildung entspricht in etwa dem Modell der Golden Gate Bridge.

war das Ziel. Ein 1905 von Daniel H. Burnham (zu diesem Zeitpunkt bekanntester Stadtplaner der USA), erdachter Plan, um San Francisco neu zu beleben, fußte auf dieser Idee.

Allerdings verwandelten 1906 ein Erdbeben und Feuer in San Francisco etwa 10 Quadratkilometer der Stadt in Asche und Trümmer. Der Wiederaufbau beruhte nicht auf Burnhams neuer Vision, sondern auf den alten Besitzverhältnissen.

Die Golden Gate Bridge ist in Bezug auf Symmetrie, Proportionen und Ausmaß plus der Integration von Natur und des urbanen Umfelds eine der letzten Verkörperungen der „Schöne Stadt"-Bewegung. Die Brücke scheint aus ihrer natürlichen Umgebung aufzusteigen. Gegner und Einwände bestanden seit der ersten Konzeption. Nichtsdestotrotz ist die Golden Gate Bridge ein Wunderwerk von immenser Länge und Höhe, das seit der Eröffnung am 27. Mai 1937 (mit einer Vielzahl von Marine-Flugzeugen und wochenlanger Feierlichkeiten) unversehrt geblieben ist. Bei ihrer Eröffnung war die Brücke die höchste und längste Hängebrücke der Welt.

Zeitumstände

Ökonomischer und politischer Fortschritt sowie zunehmende Transportmöglichkeiten durch die Öffnung des Marin-Kreis-Areals im Norden der Stadt förderten die Wirtschaftlichkeit, das Golden Gate zu überbrücken. Die Idee bestand schon seit der Eröffnung des Panama-Kanals 1914, der See-Handel und Wohlstand an die US-Westküste gebracht hatte.

In einer Reihe von Artikeln im *San Francisco Bulletin* vom August 1916 hatte ein Marine-Ingenieur namens James Wilkins für die Errichtung einer 10 Millionen Dollar-teuren Hängebrücke zwischen Fort Point und Lime Point plädiert. Diese Artikel waren bis dahin die umfassendsten und überzeugendsten zum Wert einer solchen Brücke.

Wilkins informierte O'Shaughnessy, einen Ingenieur, über die Realisierbarkeit des Projekts und gewann die Zustimmung der Handelskammer und des Aufsichtsgremiums des Bezirks Marin. Aber der Erste Weltkrieg und eine Präsidentschaftswahl, bei der Woodrow Wilson siegte, drängten die Brücke von der Titelseite, aber nicht aus dem Büro der *Strauss Bascule Bridge Co.* in Chicago, wo Entwürfe auf eigene Kosten von Strauss entwickelt wurden. Die Idee, dass die Stadt, der Bezirk San Francisco, der Staat Kalifornien und die Bundesregierung zusammenarbeiten, schien O'Shaughnessy in diesem frühen Stadium jedoch fern zu liegen. Dies hinderte den Stadtingenieur jedoch nicht daran, die Möglichkeit mit Brückenbauern zu erörtern, sodass O'Shaughnessy Strauss entweder während der internationalen Panama-Pazifik Messe 1915 in San Francisco oder durch den Bau der Vierten Straßenbrücke (1916–1917) zu seiner Liste der Ingenieure hinzufügte, die eine Überbrückung der Enge versuchen könnten. Seinen Brückenentwurf hatte Strauss als eine einseitige

Klappbrücke konstruiert, indem er ein senkrechtes Gegengewicht hoch anbrachte.

Der Erste Weltkrieg verschob weitere Überlegungen bis 1917, als O'Shaughnessy Strauss erneut auf die Realisierbarkeit eines solchen Projektes ansprach. Er sagte ihm, jeder ginge davon aus, dass es unmöglich sei, dieses Projekt umzusetzen, und wenn dann definitiv nicht für weniger als 100 Millionen US-$. Strauss entgegnete, es sei vielleicht für 25–35 Millionen US-$ möglich. Dabei hatte er kaum Erfahrung mit Hängebrücken dieser Größenordnung.

1918 wurde eine Umfrage über die Frage, wie das Goldene Tor zu überbrücken sei, gestartet. Dabei blieb vieles ungeklärt, angefangen damit, wie man eine Verbindung über das an der schmalsten Stelle 1,6 km breite Goldene Tor bauen sollte.

Eine solche Struktur würde eine Spannweite von etwa 1,2 km voraussetzen. Pazifische Stürme, starker Wellengang, Wind und Nebel stellten Gefahren dar. Die militärische Sicherheit war eine weitere Sorge. Doch die alles bestimmende Frage war die der Baukosten.

Franklin D. Roosevelts „New Deal" und seine Bedeutung für das Projekt

Politisch entscheidend für das Projekt der Golden Gate Bridge war der New Deal von Franklin Delano Roosevelt. Die massiven neuen öffentlichen Bauprojekte, die durch das Programm finanziert wurden, stellten eine Lösung aus der Depression dar, die 1929 begann. Es war nicht nur ein gutes Geschäft, neue Infrastrukturprojekte zu bauen, sondern auch ein Akt des Patriotismus.

akg-images, AKG927940

Franklin D. Roosevelt im Civilian Conservation Corps-Camp (New Deal), 12. August 1933.

Diese Großprojekte, wie die *Tennessee Valley Authority* (TVA) zum Hochwasserschutz und zur Nutzung der Wasserkraft oder der Hoover Dam (ursprünglich Boulder Dam genannt) zur Stromerzeugung im Westen, wurden zur „neuen Grenze" Amerikas.

Der Hoover-Staudamm ist ein typisches Beispiel für Großprojekte jener Zeit: Er wurde zwischen 1931 und 1936 gebaut und beschäftigte Tausende von Arbeitern an der Grenze zwischen Nevada und Arizona. Er sollte Überschwemmungen kontrollieren, Wasser für die Landwirtschaft vorhalten und Wasserkraft erzeugen. Der Kongress nahm das Projekt 1928 in Angriff. Es wurde für mehrere Jahre die größte und kostspieligste Baumaßnahme der US-Regierung. Beim Bau der bis dahin größten Betonkonstruktion Amerikas kamen über 100 Menschen ums Leben. Eine eigene Stadt nur für Arbeiter musste gebaut werden: Boulder City, Nevada. Die Generatoren des Hoover-Staudamms versorgten jedoch bald Energiedienstleister in Nevada, Arizona und Kalifornien mit Strom.

Die Golden Gate Bridge war jedoch kein Projekt des Kongresses, sondern ein regionales Projekt, dessen Bau 1933 – einem der schlimmsten Jahre der Depression – begann, als fast 12 Millionen Menschen arbeitslos waren. Zu dieser Zeit wurden zwei Brücken in San Francisco fast gleichzeitig gebaut, die San Francisco-Oakland Bay Brücke (fertiggestellt 1936) und die Golden Gate Bridge (fertiggestellt 1937). Den Triumph der beiden markierte die Golden Gate International Exposition 1939/40, eine internationale Messe.

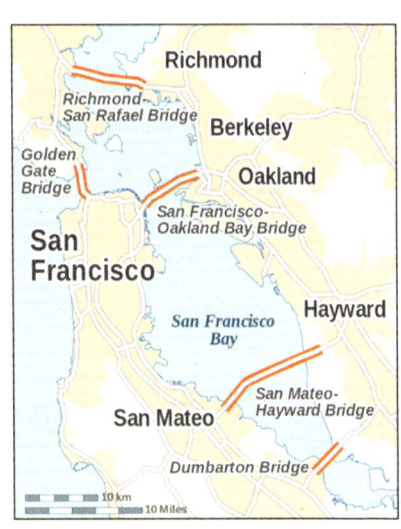

Kartenwerkstatt / Wikimedia Commons

Herausforderungen beim Bau der Brücke

Im Ersten Weltkrieg begannen die ersten geologischen Untersuchungen des Standorts im Jahr 1918. Zu den Herausforderungen der Natur (tiefes Wasser, starke Gezeiten, Strömung, Nebel, Winde) gesellte sich jedoch die anhaltende Angst vor Erdbeben: Die Auswirkungen des Bebens vom April 1906 waren immer noch zu spüren. Der daraus entstehende Brand hatte fast 80 % der Stadt zerstört und den Tod von über 3000 Menschen gefordert. Das Epizentrum hatte sich vermutlich nordwestlich der Querung des Golden Gate befunden. Jede neue Brückenkonstruktion musste dieser Gefahr angepasst sein.

Joseph Strauss besuchte den Ort und untersuchte den Durchbruch in den Coast Range Mountains. Er studierte die

H. D. Chadwick / National Archives and Records Administration 524396 / Wikimedia Commons

Erdbeben in San Francisco, April 1906. Blick auf Ruinen in der Umgebung von Post und Grant Avenue, Richtung Nordost.

Karten einer früheren geologischen Untersuchung und verfeinerte 1921 seine Schätzung auf 27 Millionen Dollar Baukosten. Zusammen mit O'Shaughnessy verfasste er eine Broschüre mit dem Titel „Bridging the Gate", um politische und öffentliche Unterstützung zu erhalten. Die vorgeschlagene Brücke wäre auch ein großes Friedensdenkmal, welches an das Ende des Ersten Weltkrieges erinnern würde, kommerziellen und finanziellen Wert besäße und gleichzeitig „eine Krönung des amerikanischen Traums" darstelle, hieß es.

Strauss hatte immer schon „groß" gedacht: Seine Diplomarbeit an der Universität von Cincinnati hatte eine Brücke über das Beringmeer zum Thema, die Eurasien und Amerika verbunden hätte. Er war auch Erfinder sowie Ingenieur und Dichter. Bei dem Bauprojekt der Golden Gate Bridge bildeten sich jedoch sofort Widerstände. Es ging um Kosten und die Finanzierung, während Umweltschützer einen Schaden befürchteten, der den Marin Headlands durch die Zerstörung des natürlichen Lebensraums und die Bedrohung durch neue Wohnsiedlungen zugefügt werden könnte. Strauss prognostizierte Wohlstand, insbesondere aufgrund steigender Immobilienpreise, als Ergebnis dieses „großen Beispiels westlicher Vorherrschaft", in einer für die Zeit typischen Sprache.

Eine weitere erwartete Quelle des Widerstands war das US-Kriegsministerium. Die Militärs gingen davon aus, dass eine zerstörte Brücke die Zufahrt in den Hafen blockieren würde.

Einige Jahre später bei einer Befragung durch die Ingenieure der Armee wurden Teile von Strauss' Aussage fehlinterpretiert, dennoch erhielt er 1924 die Genehmigung des Kriegsministers zum Bau.

Entstehung

Unterstützung

Bereits 1928 drückte der werdende Präsident Herbert Hoover (Amtseinführung im März 1929) aus Kalifornien seine Unterstützung aus – allerdings für eine Brücke von San Francisco nach Oakland. Als Reaktion darauf gründete der kalifornische Gesetzgeber die *California Toll Bridge Authority* (kalifornische Behörde für Mautbrücken) und genehmigte eine Autobahn entlang der Bucht von San Francisco nach Oakland. Die Bundesregierung unterstützte das Vorhaben, finanziell und politisch.

Bis 1932 stimmte die neue *Reconstruction Finance Corporation* (RFC) dem Kauf von Revenue Bonds (besicherter Anleihen) im Wert von fast 62 Millionen US-Dollar zu. Die Bay Bridge war ein offizielles Bundesprojekt, das vom Ministerium für öffentliche Bauvorhaben für die neue *Toll Bridge Authority* gebaut und von der kalifornischen Abteilung für Autobahnen betrieben wurde. Die Golden Gate Bridge hatte keine solche Unterstützung, da sie nicht eine Stadt mit einer anderen verbinden würde wie die Bay Bridge (San Francisco und Oakland), sondern nur die Milchviehbetriebe und Bauernhöfe des Bezirks Marin an San Francisco anbinden würde.

In den späten 1920er-Jahren war Arthur O'Shaughnessys Begeisterung einer größeren Skepsis gegenüber dem Projekt gewichen. Er hatte das Gefühl, dass die Unterstützung der Bevölkerung fehlen würde. Tatsächlich wurde Strauss bald für seine mehr „ungebaute" als „gebaute Brücke" berühmt. Strauss ließ sich von den technischen Schwierigkeiten nicht beirren. Voller Elan erklärte er, dass die Fundamente auf festem Fels stehen würden und nicht auf einer Erdbebenlinie. Brücken würden sowieso Erdbeben besser standhalten als jegliche andere Bauwerke, und seine würde die flexibelste Brücke der Welt sein. Er versprach, dass sich die Brücke mithilfe der erhobenen Brückenmaut selbst finanzieren würde.

Bis 1930 hatte sich Strauss die Unterstützung einer Reihe wichtiger Organisationen gesichert, beginnend mit der *Marin County Association*, der *Redwood Empire Association*, der *California State Automobile Association* und anderen. Er war jedoch in einen zehnjährigen Streit mit Steuerzahlern verwickelt, als Gerichtsverfahren die Verfassungsmäßigkeit der neu gebildeten Bezirksbehörde und der geplanten Anleihenemission zur Finanzierung des Bauwerks in Frage stellten. Der Fall ging trotz der Eingemeindung des Bezirks im Jahr 1928 bis zum Obersten Gerichtshof der USA. Strauss war jedoch zuversichtlich und hatte 1929 ein Büro in der Innenstadt von San Francisco eröffnet sowie eine Außenstelle in Fort Point, dem Ausgangspunkt für den südlichen Pier der Brücke auf der San Francisco-Seite mit einem weiteren Büro am Landepunkt auf der Marin County Seite.

Planungen

1933 hatte Strauss bereits eine hundertköpfige Ingenieurgruppe mit der Planung und Inspektion von Baustoffen an der West- und Ostküste beschäftigt. Er hatte auch einen Geologen eingestellt, Professor Andrew Lawson, der das Epizentrum des Erdbebens von San Andreas nur 9 Kilometer östlich der geplanten Kreuzung festgestellt hatte. Mit ihm stritt jedoch ein Geologe der Stanford University, Dr. Bailey Willis, der behauptete, der zur Verankerung der Fundamente gewählte Fels sei zu weich und instabil, um das Gewicht des Bauwerks zu tragen. Der Streit verzögerte das Bauprojekt weiter.

Die *Public Works Administration* (PWA) war sich der Umsetzbarkeit des Gesamtkonzepts nicht sicher und besorgt über die aufgeworfenen technischen Fragen. Sie beschloss, die Brücke nicht mit Bundesmitteln zu unterstützen. Strauss bohrte daraufhin in Abständen von 7,62 Metern (25 feet) Testlöcher bei

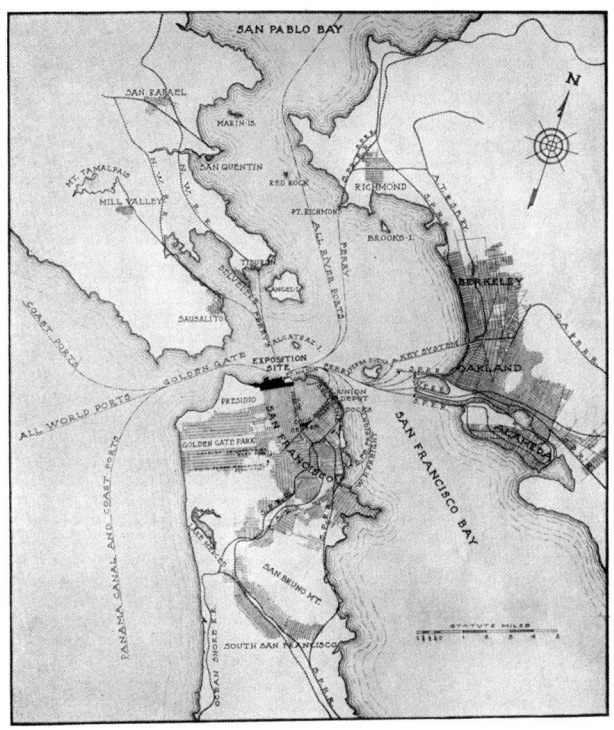

Karte des Geländes, San Francisco, USA. Das Gebiet entlang
des nördlichen Ufers war auch als „Marina" bekannt.

einer Tiefe von 30,48 Metern (100 feet) auf dem Meeresgrund
von 4 Hektar Größe und ordnete dann eine Grabung von etwa
10 Metern (35 feet) in das 30 Meter (100 feet) tiefe Grundge-
stein an. Die Bodentests und die Bohrmuster waren zufrie-
denstellend. Die Wahl einzelner Aufhängungen wurde eher
aus wirtschaftlichen als aus ästhetischen Gründen getroffen.
Die Brücke würde nun allerdings ausschließlich mit Unterstützung der Privatwirtschaft gebaut werden müssen. Die endgül-
tige Genehmigungsspezifikation des Kriegsministers aus dem
Jahr 1930 bezog sich auf eine Spannweite von 1280 Metern

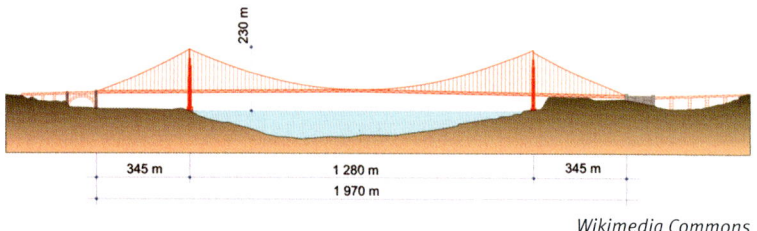

Panorama, das die Höhe, Tiefe und Länge der Spannweite der Golden Gate Bridge mit Blick nach Westen zeigt.

mit einem vertikalen Abstand von 67 Metern in der mittleren Spannweite und 64 Metern bei den Türmen. Diese Grenzen bestimmten die Höhe der beiden Türme, 227 Meter über dem mittleren Meeresspiegel.

Bedenken

Neuer Widerstand bildete sich im Vorfeld der Anleihenemission vom 4. November 1930. Mit ihr sollten Mittel beschafft werden, um das Projekt zu genehmigen. Bürgergruppen, denen sich 13 Ingenieure anschlossen, sprachen sich gegen den Vorschlag aus und waren der Überzeugung, dass dies nicht realisierbar sei. Ein Bankier nannte es ein „Wirtschaftsverbrechen". Die *Southern Pacific Railroad*, bis dahin die Muttergesellschaft des florierenden Fährgeschäfts, das in den 1930er-Jahren bis zu 50 Millionen Passagiere pro Jahr beförderte, war ein erbitterter Gegner der Brücke. Die Stimmung wandelte sich erst, als sich die wirtschaftlichen Vorteile in Form höherer Immobilienwerte abzeichneten.

Ein weiterer Gegner war *Pacific American Steamship Association* und die Vereinigung der Schiffsbesitzer der Pazifikküste, die 1930 ein 22-seitiges Schreiben erstellten, mit dem sie die Brücke zu einer Gefahr für die Schifffahrt erklärten. Sie unterbreiteten es einem Ausschuss von Offizieren, die vom Chefingenieur der US-Armee berufen worden waren, um den Fall zu beurteilen.

Diese Beurteilung war durch das Neudesign der Brücke im April 1930 nötig geworden. So musste das Kriegsministerium seine 1924 gegebene Zustimmung zu dem Projekt überdenken.

Der Einwand der gemeinsamen Vereinigungen bezog sich letztlich auf einen Höhenunterschied von 9 Metern in der Durchfahrtshöhe. Anwälte vertraten die Ansicht, dass in den nächsten 50 Jahren 76 Meter und keine 67 Meter Durchfahrtshöhe erforderlich sein würden, um den Schiffsverkehr zu bewältigen, wenn man wachsende Frachträume und steigende Größe von Passagierschiffen mit einbezog. Befürworter der Brücke verwiesen auf schlankere Profile für neue Schiffsdesigns. Der Abstand von 67 Metern war das absolute Minimum, die Durchfahrtshöhe würde mit den Gezeiten variieren. Das Kriegsministerium akzeptierte das Argument der Brückenbefürworter und gab seine Zustimmung.

In Erwartung der Emission von Anleihen im Wert von 35 Millionen US-Dollar veröffentlichten die Golden Gate Bridge und der *Highway District* im August 1930 einen dreibändigen Bericht, in dem alle Aspekte der Brücke vom Ingenieurwesen über das Verkehrsmanagement bis hin zu wirtschaftlichen und sozialen Vorteilen behandelt wurden. Strauss beaufsichtigte die Abfassung des Dokuments, das auch dazu bestimmt war, dem Angriff des *Joint Council of Engineering Society* in den Jahren 1927–28 entgegenzuwirken. Band drei von Strauss' Bericht zeigt eine Brücke. So wurde der Kampf um die Brücke zu einem Kampf von Texten und Positionen. Der Kampf um die Brücke wurde auf Papier ausgetragen, bevor etwas gebaut werden konnte.

Doch zwei weitere Jahre öffentlicher Auseinandersetzungen folgten. Die Gegner argumentierten, dass die Brücke zu teuer sei, dass die Maut nicht ausreichen würde, die vom Steuerzahler abgesicherten Anleihen zurückzuzahlen, dass das geologische Fundament des südlichen Piers ungenügend sei, und dass, wie der Sierra Club anführte, die Brücke die Landzungen zerstören würde.

Ein weiterer Kritiker war der Fotograf Ansel Adams, einer der größten Naturfotografen Amerikas, der im Stadtteil Sea Cliff an

Das Golden Gate in der Bucht von San Francisco vor dem Brückenbau, um 1906.

der offenen Meerenge aufwuchs. Er war überzeugt, dass die Erhabenheit des Golden Gates durch die Brücke beeinträchtigt werden würde. Er machte eine Reihe von Fotografien, um die Pracht des „leeren" Golden Gates zu dokumentieren.

Besprechungen

Die Notwendigkeit einer Brücke wurde durch eine Zunahme des Autoverkehrs offensichtlich. An einem Ferienwochenende im Jahr 1928 überquerten mehr als dreitausend Autos die Bucht, dieses Verkehrsaufkommen konnten die Fähren nicht bewältigen. Weitere Brückenbauten waren die Antwort auf die Zunahme des PKW-Verkehrs. Diese wurden von der *American Toll Bridge Company* gebaut wurden, so zum Beispiel eine zweispurige vertikale Hebebrücke über die Mündung des San Joaquin River, die die Bezirke Sacramento und Contra Costa verbindet. Es handelte sich jedoch um private, nicht öffentliche oder staatliche Vorhaben. Für die neue Bay Bridge finanzierte Kalifornien den Bau durch die *Reconstruction Finance*

Corporation der Bundesregierung. Für das Golden Gate standen keine derartigen Mittel zur Verfügung, da das Vorhaben umstritten war, die öffentliche Unterstützung ungewiss und die Kosten überwältigend waren.

Aber Strauss fand einen neuen Unterstützer in Frank Doyle, von der Wechselbank von Santa Rosa und Präsident der Handelskammer, einer führenden Wirtschaftsorganisation in der North Bay.

Im Januar 1923 organisierte Doyle durch die Handelskammer von Santa Rosa ein entscheidendes Treffen. Mehr als dreihundert Delegierte aus einundzwanzig Landkreisen in der Bay Area und in Nordkalifornien trafen sich Mitte Januar zu einem zweitägigen Treffen. Bürgermeister Rolph und Ingenieur O'Shaughnessy aus San Francisco nahmen daran teil. Nur Strauss war abwesend. Doyle führte die Sitzung eloquent und drückte seinen Enthusiasmus für das Projekt aus. Das Treffen war der Wendepunkt, wurden dort zwei wichtige Resolutionen gefasst: die Gründung der „Bridging the Gate" Vereinigung und ein mehrere Bezirke übergreifendes *Golden Gate und Highway District*, gefördert vom Gesetzgeber in Sacramento.

Die zentralen Fragen blieben jedoch die gleichen: War die Brücke notwendig? Würde sie sicher sein? Wer sollte dafür bezahlen und wie? Öffentliche oder private Mittel? Welche Organisation würde die Brücke tatsächlich bauen? Wer würde für den Betrieb verantwortlich sein, sobald die Brücke fertiggestellt war?

Schwierigkeiten

Die größere Herausforderung war es jedoch, eine Brücken-Verwaltung zu bilden, welche die Konstruktion überwachen, verwalten und betreiben sollte. Nach ausgiebiger Diskussion schlossen sich fünf Bezirke der Stadt an, um die Brücken-Verwaltung zu bilden. Die fünf Bezirke waren Marin, Sonoma, Napa, Mendocino und Del Norte an der Grenze zu Oregon. Sie sahen den Beitritt als einen Weg an, ihre Isolation zu beenden.

In dieser Zeit legte der Gemeinsame Rat der Ingenieurgesellschaften von San Francisco seine ablehnende Beurteilung vor, die von zwei beratenden Ingenieuren und dem Lehrstuhl für Bauingenieurswesen von Stanford verfasst worden war. Sie argumentierten, dass der Felsen unter dem Südpier die Last nicht tragen könne und dass die Schätzung von 27 Millionen Dollar zu niedrig sei. Die tatsächlichen Kosten würden näher bei 112 Millionen US-Dollar liegen, was eine hohe Maut bedeuten würde. Strauss wies diese Behauptungen vor dem Richter Luttrell zurück, der mehr als ein Jahr damit verbracht hatte, alle 2300 Einwände zu prüfen. Schließlich erteilte der Bundesstaat Kalifornien im Dezember 1928 eine Gründungsurkunde, um die *Golden Gate Bridge* und den *Highway District* uneingeschränkt zu errichten.

Aber konnte Strauss den Job angesichts der schlechten Presse und der negativen Meinung der Ingenieurgemeinde an der Westküste immer noch machen? Die Direktoren unternahmen eine landesweite Suche nach einem neuen Bezirksingenieur, doch nach ausführlichen Interviews wurde Strauss wiedergewählt. Er hatte jedoch nicht die alleinige Autorität, sondern musste nun einem Ingenieurbüro Bericht erstatten.

Die Baukosten stiegen und nach einer Steuererhebung konnte der Bezirk die Neugestaltung der Brücke finanzieren, Geld blieb jedoch weiterhin ein Thema. Neue Anleihen mussten begeben werden, um aus den Mautgebühren zurückgezahlt zu werden.

Um die Bevölkerung davon zu überzeugen, eine neue Anleihe im Wert von 35 Millionen Dollar zu unterstützen, bereitete der Brückenbezirk nach dem Börsencrash im Oktober 1929 eine Kampagne mit Vorträgen, Radiospots und Zeitungsanzeigen vor, die sich auf zwei Zielgruppen konzentrierten: eine für San Francisco, die andere für die USA. Eine neue Gruppe bildete sich: der Ausschuss der Steuerzahler gegen die Golden Gate Bridge Bonds. In einer Radio- und Zeitungskampagne stand die Krise der US-Wirtschaft im Mittelpunkt.

Great Depression; hier: Aktieninhaber verfolgen die Kursbewegungen der New Yorker Börse in San Francisco, Oktober 1929.

Aber der Distrikt gewann das Referendum im November 1930, weil das Verkehrsaufkommen so schnell wuchs, dass es mit Fähren nicht zu bewältigen war.

Auch wenn sie an der Wahlkabine verloren hatten, zogen die Fährgesellschaften erneut vor die Gerichte und begannen drei Jahre weiterer rechtlicher Verwicklungen. Dies verhinderte den Verkauf der von Wählern genehmigten Anleihen und die Möglichkeit Bundesdarlehen der *Reconstruction Finance Corporation* aufzunehmen.

Es folgten weitere juristische Auseinandersetzungen. Schließlich schritt der Vorsitzende und Präsident der *Bank of America*, A. P. Giannini, ein. Giannini sah die vorgeschlagene Golden Gate Bridge als Chance und sagte Strauss, er werde das erste Angebot von Anleihen bei 5,25 % annehmen. Wieder gab es eine gerichtliche Auseinandersetzung, aber die rechtliche Anfechtung schlug fehl. Man könnte auch sagen, dass die Bank (zumindest zu Beginn) den Bau der Golden Gate Bridge finanziert hat.

Bauarbeiten

Als endlich die Finanzierung durch die Überzeugungskraft von Strauss gesichert war, begannen vorläufige Bauarbeiten am 5. Januar 1933. Die offizielle Zeremonie des ersten Spatenstichs folgte später. Die Arbeiten hatten tatsächlich Ende Dezember 1932 mit dem Bau einer Zugangsstraße zur nördlichen Seite des Piers bei Lime Point begonnen. 200 000 Personen wohnten dem feierlichen ersten Spatenstich in Crissy Fiels bei Presidio am 26. Februar 1933 bei. Der Gouverneur Sunny Jim Rolph und der Bürgermeister Angelo Rossi sprachen.

Design

Das Design war jedoch immer noch problematisch. Strauss schlug ursprünglich zwei freitragende überragende Strukturen mit festem Rahmen vor, die an beiden Enden auf Betonpfeilern ruhen und über eine Aufhängungsspanne in der Mitte miteinander verbunden waren. Neue Methoden der Verkabelung und des Baus von Pfeilern führten jedoch zu einer Neukonstruktion mit eleganterem Charakter für die damals längste Hängebrücke, die jemals gebaut wurde. Ein weiteres Projekt der gleichen Zeit liefert Hinweise: Die Fertigstellung der George-Washington-Brücke im Jahr 1931 in Upper Manhattan über 1067 Meter mit zwei 184 Meter hohen Pylonen, die bis zu dem Zeitpunkt die längste Hängebrücke der Welt war.

Die Golden Gate Bridge entsteht.

Leon Moisseiff, Teil des Strauss-Teams, war der beratende Designer für die George Washington Bridge, aber die Golden Gate Bridge war mit 1280 Metern von Pylon bis Pylon länger. Die Gezeitenwirkung überstieg auch die des Hudson River in New York und betrug bei Flut über 60.000.000 Liter pro Sekunde. Der Wind über der Meerenge war auch eine Herausforderung. Er wehte in westliche Richtung und erreichte bei Sturm bis zu 120 Kilometer pro Stunde. Nebel und Temperaturunterschiede konnten den Brückenstahl belasten. Die Erdbebenlinie von San Andreas war in der Nähe. Die Brücke musste all diese Anforderungen erfüllen und gleichzeitig ästhetisch ansprechend sein.

Strauss war Ingenieur und kein Künstler und wandte sich an seinen Vizepräsidenten für Brückendesign bei Strauss Engineering, Professor Charles A. Ellis, der mit Leon Moisseiff und später mit Irwin Morrow zusammenarbeitete. Ellis war ein praktischer Designer, Moisseiff ein Mathematiker, der glaubte, dass Hängebrücken leichter und schlanker gebaut werden könnten und dennoch die gleichen Lasten wie schwerere Bauwerke tragen würden. Morrow designte die Pfeiler und die Mautstellen. Die Türme hatten eine rechteckige Form, wurden jedoch mit zunehmender Höhe enger, was eine neue Leichtigkeit der Form erzeugte.

Ellis schien jedoch für seine Berechnungen und Ingenieurstudien zu lange zu brauchen: Im November 1931 entließ ihn Strauss, weil er glaubte, er brauche zu lange für die Berechnung des Aufhängungssystems. Die beiden 227-Meter-Pfeiler für die neue Brücke mussten sowohl funktionell als auch schön sein. Strauss erkannte seine Grenzen und wandte sich als nächstes an John Eberson, denn die Brücke musste Erhabenheit mit der „Theatralik" kombinieren, die vom Schauplatz gefordert wurde.

Mit Hilfe von Irving Morrow wurden Ebersons Pfeiler zu erhabenen Art-Déco-Formen. Die Pylonen strahlten trotz ihrer Höhe Eleganz und sogar Leichtigkeit aus. Morrow eckte die letzte obere Öffnung an jedem Pfeiler ab (Eberson hatte sie rund gehalten) und bedeckte alle vier offen Querverstrebungen über dem Brückendeck mit zickzackförmiger Kannelierung. In den vierzehn Ecken platzierte er dekorative, nichttragende Stahlwinkel, während Strauss die riesigen X-förmigen Querverstrebungen unter und nicht über der Fahrbahn beibehielt. Die offenen Räume der Türme trugen zur Eleganz und Schönheit der Struktur bei.

Die kurze Antwort auf die Frage, warum die Golden Gate Bridge zu einer Ikone wurde, lautet Geometrie. Dreiecke, Polygone, Quadrate und Zylinder wurden verbunden, um eine ausgewogene Form zu kreieren. Der schwebende Bogen und die dominierenden Türme überwältigen die Umgebung nicht. Die verschiedenen am Design der Brücke beteiligten Architekten versuchten nicht, ihren persönlichen Stil durchzusetzen, sondern orientierten sich an der internationalen Formsprache der Zeit. Die Aufwärtskrümmung der Hänger, spiegelt die in der Natur häufig anzutreffende dynamische Symmetrie wider.

Nach der Genehmigung des Entwurfs und der Konstruktion begannen die physischen Arbeiten gleichzeitig mit den Bauarbeiten an der Marin- und der San Francisco-Seite der Bucht. Aber wie baut man eine Brücke? Zuerst die Verankerungen, dann die Pfeiler – die Betonfundamente – die Kabel, die Fachwerkträger und schließlich die Fahrbahn. Fort Point auf der Südseite stellte eine Herausforderung dar, da Strauss das Gebäude erhalten wollte: Er löste das Problem, indem er eine Bogenbrücke über das Gebäude baute, die die neue Straße trug. Der Bau begann am 5. Januar 1933.

Die Arbeiter waren erfahrene Brückenbauer, die auf der Suche nach Arbeit während der bundesweiten Depression aus ganz Amerika nach San Francisco reisten, auch wenn das Projekt nicht von Bundesmitteln gefördert wurde. Die Schnelligkeit, mit der die Brücke bei wenigen Arbeitsunfällen fertiggestellt wurde, gilt bis heute als der Beweis für ihr Fachwissen. Die geringe Verletzenzahl ist zum Teil auch darauf zurückzuführen, dass Strauss zum ersten Mal bei einem großen

Blick auf die sich im Bau befindende Golden Gate Bridge vom Baker Strand aus.

Bauvorhaben Sicherheitsnetze installierte, um Arbeiter aufzufangen, die ausrutschten oder fielen.

Der südliche Pylon – 335 Meter in die Bucht hinein gebaut und von einem Holzgerüst aus zugänglich – war schwieriger und damit langsamer zu bauen; der nördliche war leichter, direkt in den Fels auf der Marin-Seite gebaut. Aber beide waren bis zum Sommer 1935 fertig und warteten auf die oberen Sattel, in denen die Kabel liegen würden, wenn sie 1280 Meter über die Meerenge reichten. In Vorbereitung auf das Spinnen der Kabel wurden die beiden Pfeiler zunächst mit Seilen verbunden, um die Laufstege für die Arbeiter zu stützen. Mit fortschreitender und abgeschlossener Kabelspinnerei wurden die Hänger (vertikale Kabel) nach und nach miteinander verbunden, um die Fachwerkträger zu stützen, die schließlich die Fahrbahn halten würden.

Rezeption der Brücke

Nachdem der Überbau fertiggestellt und die Kabel über die Meerenge geführt worden waren, wurde die Brücke schnell fertiggestellt und am 27. Mai 1937 eröffnet. Am Eröffnungstag konnten Fußgänger 12 Stunden lang über die Brücke spazieren, ein Angebot, das 200.000 Besucher – fasziniert von den Ausblicken und dem Ausmaß – annahmen. Autos durften am nächsten Tag fahren, während das Eröffnungsfest (25. Mai bis 2. Juni 1937) fortgesetzt wurde. Als Autos zugelassen wurden, überquerte eine Abordnung historischer Automobile die Brücke. Eine große Anzahl von US-Marineschiffen fuhr um 15 Uhr unter der Brücke hindurch.

Der fast 15-jährige Kampf, die Brücke zu bauen, schien beendet. Strauss sagte es hätte zwei Dekaden und 200.000.000 Worte gebraucht, um die Leute zu überzeugen und dann nur vier Jahre und 35 Millionen Dollar, um den Beton und den Stahl zusammenzufügen.

Vor der Weltausstellung von 1939 bis 1940 veranlasste die Struktur der Brücke sogar den Chefingenieur Joseph Strauss, ein Gedicht über die Fertigstellung zu schreiben, „The mighty task is done" (etwa: Die mächtige Aufgabe ist erledigt).

Bald darauf erschien ein Kinderbuch, in dem ein Troll unter der Brücke lebt, ein Thriller von Alastair McLean von 1976 führt den Namen der Brücke (1976). Vikram Seths Versroman von 1986, *The Golden Gate*, geschrieben in 590 Strophen, kombiniert Poesie und Drama.

Die Brücke ist nicht nur eine der schönsten der Welt, sondern vielleicht auch die am meisten fotografierte – und eine Inspiration für Poesie, Musik, Kunst und Abenteuer, von Alfred Hitchcocks *Vertigo* (1958) über Naturkatastrophen von Tsunamis bis Erdbeben und Monstern in Filmen wie *Superman*

(1978), *X-Men: Der letzte Widerstand* (2006), *Planet der Affen: Prevolution* (2011) und *Godzilla* (2014). Das Grauen aus der Tiefe (1955) zeigt eine sechsarmige Qualle, die sich um die Brücke wickelt. Das Alien-Monster aus *Pacific Rim*, zerstört die Brücke sogar schon in den ersten 43 Sekunden des Films. In *San Andreas* (2015) teilt ein voll beladenes Containerschiff die Brücke in zwei.

In Adam Brinklows Liste großartiger Filmmomente mit der Golden Gate Bridge steht *Die Schwarze Natter* (1947) mit Humphrey Bogart ganz vorn. Die Liste beinhaltet aber auch den Bond-Film *Im Angesicht des Todes* (1985) mit einem dramatischen Kampf auf dem Überbau der Brücke. Auf einem der hinteren Plätze stehen *Zodiac* (2007) und *Terminator: Genisys* (2015).

Die Brücke, obwohl wiederholt in Filmen „zerstört", überlebt und symbolisiert so die heldenhafte Eroberung des Westens und die Erneuerung des Amerikanischen Traums.

Fazit

Im Gegensatz zu den Wolkenkratzern von New York oder den Autobahnen von Los Angeles wurde das Golden Gate unmittelbar zu einer Ikone nicht nur des Pioniergeistes des amerikanischen Westens, sondern auch zu einem Wahrzeichen der Stadt des 20. Jahrhunderts, das eine demokratische Architektur verkörpert. Brücken verbinden Menschen aller Schichten, Berufe und Ethnien. Trotz jahrelangen gerichtlichen Auseinandersetzungen, Debatten und dem Widerstand der Steuerzahler wurde die Golden Gate Bridge ein Erfolg. Die Brücke war als Triumph über die Natur und als Leistungsschau nordamerikanischer Ingenieurskunst gebaut worden. Heute gilt die Brücke als Kunstwerk, das Ziel von Touristen aus der ganzen Welt ist. Die Golden Gate Bridge in ihrer Verbindung von Moderne und Natur wird als überwältigend schön empfunden.

Literatur

Peter Hartlaub, „*The Bridge Hollywood loves to hate: Golden Gate Bridge destruction, ranked,*", San Francisco Chronicle, 22.5.2019. (Online abrufbar unter https://www.sfchronicle.com/movies/article/The-bridge-Hollywood-loves-to-hate-Golden-Gate-13868573.php).

Adam Brinklow, „*For its 80th birthday, the Golden Gate Bridge's greatest movie moments,*" Curbed San Francisco, 26.5.2017. (Online abrufbar unter https://sf.curbed.com/2017/5/26/15693300/golden-gate-bridge-movies-sf)

Kevin Starr, *The Golden Gate, the Life and times of America's Greatest Bridge* (New York: Bloomsbury).

Strauss, Bridging the Gate in Richard Dillon, *High Steel, Building the Bridges Across San Francisco Bay* (Berkeley: Celestial Arts, 1998).

John Van der Zee, *The Gate, The True Story of the Design and Construction of the Golden Gate Bridge* (New York: Simon and Schuster, 1986).